BEI GRIN MACHT SICH IHR WISSEN BEZAHLT

- Wir veröffentlichen Ihre Hausarbeit,
  Bachelor- und Masterarbeit

- Ihr eigenes eBook und Buch -
  weltweit in allen wichtigen Shops

- Verdienen Sie an jedem Verkauf

Jetzt bei www.GRIN.com hochladen
und kostenlos publizieren

Katharina Jutz

Bergstürze in den Alpen: mit Beispielen aus dem Ötztal

Bibliografische Information der Deutschen Nationalbibliothek:

Die Deutsche Bibliothek verzeichnet diese Publikation in der Deutschen National-
bibliografie; detaillierte bibliografische Daten sind im Internet über http://dnb.d-
nb.de/ abrufbar.

Impressum:

Copyright © 2010 GRIN Verlag GmbH
Druck und Bindung: Books on Demand GmbH, Norderstedt Germany
ISBN: 978-3-656-33304-3

Dieses Buch bei GRIN:

http://www.grin.com/de/e-book/205903/bergstuerze-in-den-alpen-mit-beispielen-
aus-dem-oetztal

BERGSTÜRZE IN DEN ALPEN

mit Beispielen aus dem Ötztal

Abb.1: Bergsturz am Eiger 2006, CH.
Quelle: http://www.beo-news.ch/ABNS2006/juli2006/eiger15txt.htm

Verfasserin: Jutz Katharina

LV: Praktikum Physiogeographisches Geländepraktikum – Ötztaler Alpen, Obergurgl

Gruppe: B

INHALTSVERZEICHNIS

Abb. 2: diverse Bergstürze
Quelle: http://www.mascht.com/bergstuerze/map.html

1. Einleitung

Im Rahmen der Lehrveranstaltung „Physiogeographisches Geländepraktikum" besteht die Aufgabe eine wissenschaftliche Einzelarbeit zu einem ausgewählten Thema zu schreiben.

Diese Arbeit beschäftigt sich mit Bergstürzen im Ötztal. Zu Beginn der Arbeit wird durch eine Definition von Abele und Ersimann zuerst mal erläutert, was Bergstürze sind. Anschließend folgt eine detaillierte Ausarbeitung zu der Unterteilung des Bergsturzgebietes, den Ursachen und Auslösern und den Folgeerscheinungen. Im Anschluss daran wird etwas näher auf die Bergstürze im Ötztal eingegangen. Dabei wird der Bergsturz von Köfels und der Tschirgant Bergsturz näher erläutert.

Die Arbeit stützt sich größtenteils auf die Publikation von Gerhard Abele – „Bergstürze in den Alpen – Ihre Verbreitung, Morphologie und Folgeerscheinungen" von 1974. Weiteres wurde auch noch Literatur von Aichinger, Erismann, Louis und Mayer hinzugezogen (siehe Quellen S. 17)

2. Definition

Bergstürze an sich, sind nicht wie das Wort sagt, das Zusammenstürzen von ganzen Bergen, sondern eher ein Sturz vom Berge. Ein Bergsturz betrifft dabei eher nur Teile der Gesteine eines Berges. Dabei ist es schwierig eine genaue Definition festzulegen, da sich Massenbewegungen nach Größe, Ursache, Bewegungsmechanismus, Geschwindigkeit und Grad des Zerfalls sehr stark unterscheiden.

Gerhard Abele verwendet daher in seinem Buch „Bergstürze in den Alpen" nur zwei Kriterien, nämlich die Größe und die Geschwindigkeit.

Abele setzt bei der Größe folgende Schwelle: Er spricht nur von Bergstürzen, solang diese „größer als 1 Mio. m³ sind oder [...] ihr Ablagerungsgebiet eine Fläche von über 0,1 km² bedeckt." Alles andere sind laut Abele Felsstürze.

Zusätzlich spricht er nur von Bergstürzen, solange diese in Sekunden oder in wenigen Minuten nieder stürzen. (Abele, 1974, S. 5)

Erismann bemerkt in seinem Buch „Dynamics of Rockslides and Rockfalls", dass es keine klare Unterscheidung der Bewegungsmechanismen zwischen Bergstürze („Rockfall") und Felsstürze („Rockslide") gibt. (Erismann, 2001, S. 9f)

Aus diesen zwei Kriterien ergibt sich laut Abele folgende Definition:

„Bergstürze sind Fels- und Schuttbewegungen, die mit hoher Geschwindigkeit (in Sekunden oder wenigen Minuten) aus Bergflanken niedergehen und im Ablagerungsgebiet ein Volumen von über 1 Mio. m³ besitzen oder eine Fläche von über 0,1 km² bedecken." (Abele, 1974, S. 5)

Somit zählen Bergstürze und Felsstürze in der Geomorphologie zu Massenbewegungen mit hoher Geschwindigkeit.

Erismann definiert in seinem Buch Bergstürze nicht mit bestimmten Zahlen wie Geschwindigkeit und Volumen sondern anhand von bestimmten Charakteristika. Bergstürze fallen über ein mehr oder weniger steiles Gefälle mit einer eher hohen Geschwindigkeit und erfahren beim Absturz meistens keinerlei Hindernisse. Durch das Gewicht der Masse erreichen Bergstürze eine sehr hohe Geschwindigkeit, die in manchen Fällen gleich der Erdbeschleunigung sein kann. Durch die Kollision einzelner Teile innerhalb der Sturzmasse gibt es einen eher nur geringeren Zusammenhalt der Masse, wobei es zu einer gewissen Streuung im Ablagerungsgebiet kommt. Somit spricht Erismann von einer größeren Kohäsion bei „Rockslides" als bei „Rockfalls" und beschreibt letzteres als „a sum of individually moving elements". (Erismann, 2001, S. 10) Dabei erwähnt Ersimann, dass Bergstürze eher eine kleine Reichweite in ihrer Ablagerung haben, da sie meistens Hindernisse frontal treffen. (Erismann, 2001, S. 10f) (z.B.: ebene Talfläche, Gegenhang etc.)

Ein Grund für das Losgehen von Bergstürzen ist, dass sich das Gesteinsmaterial bevorzugt an Schwächezonen löst, wie zum Beispiel an bereits vorhandenen Trennflächen wie Klüfte, Spalten etc. Anschließend bewegt sich das Material dann springend oder rollend hangabwärts. Dies geschieht hauptsächlich an steilen Böschungen oder Felswänden.

Dabei kann man zwischen dem Abbruch-, Ablagerungsgebiet und Bergsturzfahrbahn unterscheiden (siehe Kapitel 2)

(Abele, 1974)

Abb.3: Flimser Bergsturz: größter Bergsturz in den Alpen
Quelle: http://www.mascht.com/bergstuerze/map.html

3. Unterteilung des Bergsturzgebietes

3.1. Abbruchgebiet

Im Allgemeinen ist es schwierig, das Relief des Abbruchgebiets, wie es vor dem Bergsturz aussah, zu rekonstruieren. Durch den Vergleich der unmittelbar angrenzenden Hänge und durch den Volumenvergleich zwischen dem Liefer- und Abgrenzungsgebiet lässt sich eine näherungsweise Rekonstruktion berechnen.

Wichtig dabei ist die Bestimmung des ursprünglichen Hangwinkel, was jedoch ebenfalls nur ungefähr möglich ist. Der Hangwinkel ist „der mittlere Böschungswinkel des Abbruchsgehänges vor Niedergang des Bergsturzes." (Abele, 1974, S. 14)

Abele beschreibt in seinem Buch den Zusammenhang zwischen dem ursprünglichen Hangwinkel, der Form des Abbruchgebietes, der petrographischen Beschaffenheit und dem Volumen der Trümmer. (Abele, 1974, S. 14)

So können bei geringem ursprünglichem Hangwinkel nur solche Bergstürze entstehen, die zuvor von gut ausgebildeten Abgleitflächen geprägt waren. Hingegen gibt es bei größeren Hangwinkeln oft keine Gleitflächen. Gleitflächen sind „Nischen mit Rückwänden und Wände mit Einbuchtungen". (Abele, 1974, S. 15)

Auch die petrographischen Verhältnisse spielen eine wichtige Rolle. So haben oft kristalline Bergstürze einen geringeren Hangwinkel als Stürze aus den Kalkalpen aufgrund petrographischen und metamorphen Unterschiede.

Überraschend ist jedoch der Zusammenhang zwischen dem Hangwinkel und dem Bergsturzvolumen. Denn Bergstürze bei eher kleinem Hangwinkel weisen ein großes Bergsturzvolumen auf. Dies ist auf Nischen mit Abgleitflächen zurückzuführen, welche hauptsächlich bei kleinen Hangwinkeln auftreten. (Abele, 1974, S. 15)

Das Volumen steht zusätzlich noch in starker Abhängigkeit zu den morphologischen, tektonischen und petrographischen Verhältnissen am Abbruchsgebiet.

Beim niedergehen von Bergstürzen ergeben sich zwei markante Formen im Abbruchgebiet:

Abrisswände, von denen sich der Bergsturz ablöst. Sind meist steil und stark in sich gegliedert.

Abgleithänge oder –fläche, auf diesen die Bergstürze während dem Ablösen oder sogar noch danach abgleiten. Sie besitzen meist ein einheitliches Gefälle.

3.2. Bergsturzfahrbahn

Aufgrund der hohen kinetischen Energie gibt es bei Bergstürzen eine Bergsturzfahrbahn. Diese ist von Bergsturz zu Bergsturz unterschiedlich. Sie ist im eigentlichen Sinne die Strecke auf der sich das Material fortbewegt, also die Strecke zwischen Abbruchs- und Ablagerungsgebiet. Da aber bei manchen Bergstürzen das Material oft schon am Ende des Abbruchsgebietes abgelagert wird, nimmt Abele eine andere Definition für die Bergsturzfahrbahn her: es umfasst die Strecke „vom obersten Anriß bis zum äußersten Ende der Trümmer". (Abele, 1974, S. 38)

Meistens ist der Verlauf der Sturzbahn gerade, doch besonders bei größeren Bergstürzen kann es vorkommen, dass sie gebogen ist oder Knicke enthält. Dabei gibt es oft eine Tiefenzone zwischen Abbruchs- und Ablagerungsgebiet, d.h. die Lage der Hauptmasse ist meistens vom Abbruchshang getrennt. Besonders die großen Trümmer „stürzen" entscheidend weiter als die Kleineren.

Die Fahrbahnlänge wird laut Abele maßgebend beeinflusst vom Volumen, dem Höhenunterschied der Fahrbahn und dem Relief der Vorform des Geländes.

Auch die Dauer sowie die Geschwindigkeit eines Bergsturzes sind sehr unterschiedlich. Die Dauer kann von einigen Minuten bis einigen Sekunden reichen.

3.3.1. Streuung

Unter Streuung versteht man „das Flächenverhältnis zwischen Abbruchs- und Ablagerungsgebiet. Sie ist ein guter Indikator für die Formveränderung." (Abele, 1974, S. 46) Sozusagen gibt sie den Zerfall der Masse in Einzeltrümmer an. Logischerweise ist meistens das Ablagerungsgebiet größer als das Abbruchgebiet, es gibt jedoch auch Ausnahmen. Bei dem Verhältnis wird die Fläche des Abbruchsgebiets = 1 gesetzt und die Fläche des Ablagerungsgebietes dementsprechend berechnet und angegeben. Auch die Streuung ist wieder Abhängig vom Volumen, der Konfiguration der Abbruchsgebiete, der Vorform und dem Höhenunterschied.

(Abele, 1974, S. 46f)

3.3. Ablagerungsgebiet

Charakteristisch für fast alle Bergstürze sind ihre innere Geschlossenheit, die scharfe Umgrenzung sowie ihr kleinhügeliges Relief. Bei den Bergstürzen gibt es deutliche Unterschiede in ihrem Ausbreitungsgrad und in den Ausläufern, was meist auf die morphologischen und petrographischen Unterschiede des Abbruchgebietes sowie des Ablagerungsgebietes zurückzuführen ist. Ebenso spielt das Bergsturzvolumen und die Vorform des Ablagerungsgebietes eine entscheidende Rolle. So bilden sich zum Beispiel bei eine großem Absturzvolumen flache Ausläufer oder, noch öfters, mehrere Zungen aus.
Entscheidend ist hierbei auch die Vorform: handelt es sich um ein enges Tal oder um einen flachabfallenden Hang, etc. Bei Bergstürzen gestaltet sich vor allem die Volumenbestimmung schwierig. Doch seit der modernen kartographischen und stereophotogrammetrischen Erfassung des Geländes hat es sich etwas vereinfacht. Trotzdem sind die Volumen

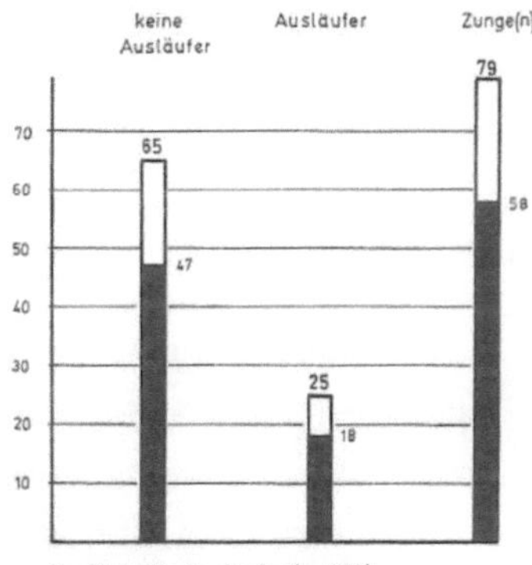

Grafik 1: Die Ausläufer (n=169)
Quelle: Abele, 1974, S. 27

von Bergstürzen nur näherungsweise zu bestimmen, vor allem durch eventuelle Hohlvolumen im Abbruchgebiet oder in den Trümmermassen. (Abele, 1974, S. 21)

Die Länge der Bergstürze beschreibt die gemessene Entfernung in Stromrichtung zwischen dem am nächsten zum Abbruchgebiet gelegenen und dem davon am weitestend entfernten Punkt des Trümmerhaufens. (Abele, 1974, S. 27)

Die Länge ist je nach Bergsturz unterschiedlich und wird wiederum maßgebend von dem Volumen und der Vorform bestimmt. Die größten Längen werden bei sogenannten "Kanalisierung der Bergsturzzungen in Tallängsrichtung" (Abele, 1974, S. 28) erreicht. Vorallem wenn das Gelände auch noch leicht geneigt ist. Bei eher freien Flächen und weiten Talräumen wird meist eine mittlere Länge erreicht. Die geringsten Längen sind anzutreffen, wenn der Bergsturz auf eine gegenüberliegende Wand oder quer zur Talrichtung niedergeht.

Wie bereits erwähnt, ist die innere geschlossene Form ein Hauptkennzeichen von Bergstürzen. Nur in seltenen Fällen gibt es weit gestreute oder gänzlich isolierte Einzelblöcke oder Trümmerhaufen. Durch die Talfahrt des Bergsturzes entwickelt sich ein Flächenzuwachs, da die Trümmermasse ganz oder zumindest teilweise in Blockwerke, Feinschutt und Grus zerfällt. Somit ist ein Felssturz auch zusätzlich mit einer Mächtigkeitsabnahme verbunden. (Abele, 1974, S. 67)

Die Ablagerungsgebiete sind durch geomorphologische Formen gekennzeichnet. Oft erkennt man bei älteren Bergstürzen isolierte kegel-, pyramiden- oder dachförmige Vollformen. Für solche Haufwerke oder Hügelgelände von Blöcken wird der Name Tomalandschaft verwendet. (Louis, 1979, S. 153)

4. Ursachen und Auslöser

Für den Niedergang eines Bergsturzes gibt es eine Vielzahl von Ursachen welche aus dem Zusammenspiel verschiedener Faktoren bestehen. Dabei entstehen die Vorbedingungen für einen Bergsturz schon lange vor seinem Abgang. Somit ist der eigentliche Sturz das Endprodukt einer langen Entwicklung. Abele unterteilt hierbei die Ursachen in zwei Gruppen ein:

4.1. Grunddispositionen

Diese beziehen sich auf die Geologie und den Gebirgsbau. Hier spielen vorallem Schichtflächen, Zerrüttungszonen im Fels, tektonische Störungen, Klüfte etc. eine wichtige Rolle.

Unterschiedliche Gesteinsschichten eigenen sich sehr gut als Bahnen für abgelöstes Bergsturzmaterial. In Zerrüttungszonen gibt es oft Gestein, welches durch Bewegungen im Bereich von Störungen zerrieben wurde und wodurch es dann eine Auflockerung des Gesteins gibt. Vorbedingungen für Bergstürze sind somit bereits vorhandene Klüfte, Störungen und Schichtflächen, an denen sich Bergstürze ablösen und auf ihnen hinab gleiten bzw. stürzen.

(Abele, 1974, S. 59f)

4.2. Variable Dispositionen

Diese umfassen in erster Linie fluviatile und glaziale Erosion. Vorallem das Eis spielt bei den Bergstürzen eine wichtige Rolle. Während der Eiszeit wurden die Wände vieler Täler aufgesteilt. Zunächst brechen die Wände aufgrund des Eiswiderlagers nicht weg. Erst als sich das Eis bzw. der Gletscher zurückzieht, werden die Felsmassen instabil und können (auch verzögert) niedergehen. Durch eben solche Eiswiderlager können sich im Unterschied zur fluviatilen Erosion besonders große Massenbewegungen vorbereiten.

Weiters kann auch ein anderer Bergsturz die Ursache für einen Anderen sein. Durch den Absturz einer Bergsturzscholle entstehen im Abbruchgebiet „neue Spannungsverhältnisse und somit Vorbedingungen für Nachstürze" (Abele, 1974, S. 61).

4.3. Auslöser

Wichtig zu unterscheiden von den Ursachen der Bergstürze sind die Auslöser. Die Auslöser werden oft mit den Ursachen verwechselt, doch genau genommen bestimmen sie bloß den Zeitpunkt des Niederganges. Auslöser sind zum Beispiel Erdbeben oder starke und langfristige Regenfälle. Jedoch wo genau ein Bergsturz abgeht, ist immer noch auf die sich davor ereignenden internen und externen Ursachen zurückzuführen.

Da im Sommer in den Alpen die Hauptniederschlagsmenge fällt, gibt es besonders in dieser Jahreszeit auffallend viele Fels- und Bergstürze. Durch die starken oder auch langandauernden Niederschläge wird das Gestein tief durchtränkt und verliert somit an Festigkeit.

(Abele, 1974)

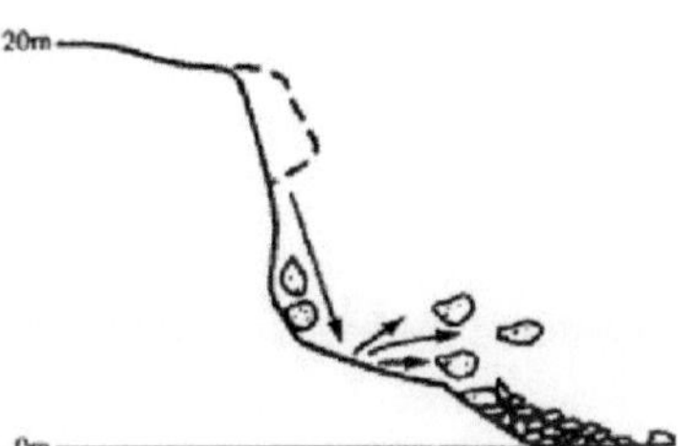

Abb. 4: Fallprozess und Ablagerung der abgelösten Gesteinsmassen
Quelle: http://www.mascht.com/bergstuerze/map.html

5. Folgeerscheinungen

5.1. Physisch-geographische Folgen

Bergstürze haben große Auswirkungen im Abbruchgebiet sowie im Ablagerungsgebiet. Einerseits gibt es Be-
gleiterscheinungen durch die Bewegung selbst und zum
anderen gibt es Folgeerscheinungen nach der Ablagerung der Trümmer.

> **Flutkatastrophe:**

Eine der am häufigsten vorkommenden Begleiterschei-
nung ist die Flutkatastrophe, welche verheerende Aus-

Abb. 5: Lac Lauvitel
Quelle: http://www.mascht.com/bergstuerze/

wirkungen haben kann. Eine Flutkatastrophe entsteht dadurch, dass ein Bergsturz in einen Stausee niedergeht. Durch die großen hineinstürzenden Trümmermassen kann eine hohe Flut entstehen, welche
dann im schlimmsten Falle über denn Stausee hinausströmt oder die Staumauer sogar zerstört. Für ein
Tal in der Nähe des Stausees kann das katastrophale Folgen haben. (Adele, 1974, S. 120)

> **Bergsturzseen:**

Hier gibt es zwei verschiedene Gruppen von Seen: Bergsturzstauseen, welche sich in den Tälern hinter
der dem Schutthaufen aufstauen und Bergsturzseen, dies sind Seen die in den Hohlformen inmitten der
Schuttmasse entstehen.

Diese Seen können ganz unterschiedlich lang existieren. Manche von Ihnen bleiben über mehrere Jahr-
zehnte hinweg erhalten, andere verschwinden durch Zerschüttung des Seebeckens und Zerschneidung
der Bergsturzbarrieren. Wobei meistens die Bergsturzseen inmitten der Trümmerhaufen länger erhalten
bleiben als die Bergsturzstauseen, da die ersteren abseits von jeglichen aufschüttenden und zerschnei-
denden Wasserläufen liegen.

Ein weiteres Risiko ist hier, dass der Ausfluss der Bergsturzstauseen nicht immer schrittweise erfolgt und
es somit zu einer Flutkatastrophe kommt. Es kann sogar passieren, dass durch rasche Ausbrüche dieser
Stauseen mehr zerstört wird als beim Bergsturz selber. (Abele, 1974, S. 121 ff)

Durch die eben erwähnten Flutkatastrophen und Bergsturzstauseen können auch bergsturzbedingte
Muren- und Flutablagerungen entstehen.

> **Stauböden:**

Stauböden entstehen dann, wenn die Zerschüttung hinter der Bergsturzbarriere schneller vor sich geht als die Zerschneidung der Trümmer. (Abele, 1974, S. 128)

> **Umlagerungskegel:**

Bei der Zerschneidung der Bergsturzbarrieren wird das fluviatil mitgeschleppte Material oft talabwärts in ausgedehnten Umlagerungskegeln abgelagert. Solche Umlagerungskegel können beispielsweise mit der Zeit andere Flüsse abdrängen und zu einem neuen Verlauf zwingen.

> **Epigenese:**

Durch die Überdeckung des Reliefs von vielen Trümmermassen des Bergsturzes, kann es sein, dass der Wasserlauf beim Tieferschneiden häufig den alten Tallauf nicht mehr wieder findet und sich so epigenetisch in Felsschwellen oder Bergflanken neu einschneiden muss. So entstehen neue Einschnitte und Wasserläufe, Hänge können angeschnitten werden und neue Schluchten und Durchbruchstalstrecken entstehen.

F.v. Richthofen (1886) bezeichnete erstmals solche Talanlagen bzw. Durchbruchstalstrecken, die durch Verschüttung und Wiederausräumung eines alten Reliefs erfolgen als epigenetisch („nachgeboren") (Louis, 1979, S. 340)

> **Nachstürze und andere Massenbewegungen:**

Auch kann ein Bergsturz einen anderen Bergsturz oder andere Massenbewegungen beeinflussen und sogar auslösen. So wird durch den Abgang eines Bergsturzes das „Gleichgewicht" des Hanges gestört und kann im Abbruchsgebiet zu weiteren Nachstürzen führen. Es kann sich aber auch auf das Ablagerungsgebiet oder sogar den Gegenhang auswirken und dort zu weiteren Massenbewegungen führen.

Es können nicht nur Gleichgewichtsveränderungen in den Hängen hervorgerufen werden sondern auch Veränderungen in der Hydrologie. So kann beispielsweise das abgelagerte Material eines Bergsturzes einen Flusslauf abdrängen. Dieser wird dann gezwungen einen neuen Lauf zu finden, was zum Beispiel in einem engen Tal zu einer Unterschneidung des Talhanges führen kann. Die Folgen können weitere Massenbewegungen sein.

> **Entstehung einer neuen Bergsturzvegetation**

Laut Mayer (Mayer, 1964, S. 192) ist für Bergstürze ein kleinräumiges Vegetationsmosaik sehr Charakteristik. Besonders durch unterschiedliche Lebensbedingungen des hügeligen Bergsturzreliefs entstehen je nach Exposition, Feuchtigkeitsanfall und Bodenbildung viele dicht nebeneinander liegende Kleinstandorte. (Aichinger, 1951, S.76)

Mayer definiert bei der Vegetationsentwicklung folgende Sukzessionsstadien (Mayer, 1964, S. 191f): Zuerst siedeln sich Spezialisten wie Silberwurz oder Steinbrecharten an, welche den extremen ökologischen Verhältnissen stand halten können. Anschließend, durch zunehmende Humusanreicherung und der dadurch verbessernden Lebensqualität siedeln sich Kräuter, Gräser, Farne und später auch Zwergstrauchdecken an. Meistens ist die Kiefer der erste, sich ansiedelnde Baum und zählt somit als Charakterbaum vieler Bergsturzlandschaften. Weitere Pionierbäume sind Birke, Weide und Lärche.

Die Entwicklung dieser Vegetation verläuft je nach Gebiet unterschiedlich rasch. Besonders hochgelegene Standorte entwickeln sich wegen ihrer kurzen Vegetationszeit langsamer als tiefer gelegene. So erkennt man die hochalpinen Bergstürze durch ihre fehlende Vegetationsbedeckung meist besser.

Auch das Trümmermaterial ist von entscheidender Bedeutung. So kann kalkiges, grobblockiges und stark wasserdurchlässiges Material die Bodenbildung stark hemmen. (Abele, 1974, S. 133)

Die Bodenbildung und Vegetationsentwicklung dient durch den Vergleich verschiedener Bergstürze als guter Anhaltspunkt für die Datierung.

5.2.   Anthropogeographische Folgen

Auch hier kann man die anthropogeographischen Folgen wieder untereilen in Folgen durch den niedergehenden Bergsturz und erst nach dem Niedergang des Bergsturzes eintretenden Folgeerscheinungen. (Abele, 1974, S. 141)

Die direkt beim Niedergang entstehenden Folgen sind unter anderem die Zerstörung von Häusern, Straßen oder sogar von ganzen Dörfern. „Eine der größten Katastrophen in der Geschichte der alpinen Massenbewegungen ereignete sich am 9. Oktober 1963, als die Felsgleitung vom Monte Toc [Italien] in den Vaiontspeicher abging und die daraus entweichende Flutwelle die Orte Longarone, Pirago und Villanova im Piavetal fast völlig zerstörte. Die Zahl der Todesopfer betrug etwa 1900 (MÜLLER 1964, S. 189)." (Abele, 1974, S. 142)

Wichtig sind neben den direkten Folgen auch die später eintretenden Folgeerscheinungen:

Abb. 6: Bergsturz von Monte Toc
Quelle:
http://static.panoramio.com/photos/original/114
05130.jpg

➤ Kulturland- bzw. Siedlungsfeindlich

Aufgrund des kleinhügeligen Reliefs, der Grobblockigkeit, der Wasser-durchlässigkeit und oft nur geringmächtiger Bodenkrume sind Bergstür-ze als Kultur- und Siedlungsland nicht zu gebrauchen. Nur in seltenen Fällen konnte das Ablagerungsgebiet landwirtschaftlich aufgewertet werden. Jedoch dienen einige wenige Trümmerlandschaften als ausge-sprochene Siedlungsträger, da sie einst versumpfte Talböden bedecken. Ansonsten werden solche Bergsturzhaufen oft als Standort für reprä-sentative Einzelbauwerke verwendet. Zum Beispiel werden dort Kir-chen, Türme oder Burgen gebaut.

Doch die Folgen von Bergstürzen müssen nicht immer negativer Natur sein, wie folgende Beispiele zeigen:

Abb. 7: Castelpietra gebaut auf Berg-sturzablagerung
Quelle:
http://www.science.unitn.it/~iori/trentin o/castelli/pietra.jpg

➤ Trennende Wirkung der Bergsturzbarrieren

Bergstürze und das ihr oft anschließende versumpfte Gelände bewirken oft große Verkehrshindernisse und werden oft sogar als politische Grenzen, Volkstums- oder Sprachgrenzen verwendet. So trennt zum Beispiel der Pfinwald bei Siders das französischesprachige vom deutschsprachigen Wallis. (Abele, 1974, S. 143)

➤ Verwertung des Bergsturzmaterials

Sehr oft wird das in Lockerschutt zerfallene Bergsturzmaterial zur Gewinnung von Straßenschotter ver-wendet.

➤ Elektrizitätsgewinnung

Wenn ein Fluss durch das aus Talstufen und –schwellen gebildete Gelände fließt, kann es sehr gut zur Elektrizitätsgewinnung genutzt werden. Ebenso werden Bergsturzstauseen für diesen Zweck verwendet.

➤ Nutzung als Fremdenverkehrsgebiete

Ein weiterer positiver Effekt von Bergstürzen ist die Anziehung von Touristen. Besonders durch ihre reizvollen und abwechslungsrei-chen kleinhügeligen Reliefs mit ihrem Wechsel von Wäldern, Seen, Mulden und Hügeln haben diese Gegenden einen besonderen land-schaftlichen Eigenwert und somit eine gewisse Anziehungskraft bei

Abb. 8: Rheinschlucht Flims, CH „Swiss Grand Canyon"
Quelle: http://www.graubuenden.ch/natur-schweiz/schluchten-seen/schluchten-seen/

naturbegeisterten Touristen. Durch den Anschluss von Spazier- und Wanderwegen zu benachbarten Fremdenverkehrsorten sind diese Bergsturzlandschaften ideale Wander- und Erholungsgebiete. (Abele, 1974, S 142 ff)

6. Bergstürze im Ötztal

Das Ötztal hat durch die Bergstürze ein extrem unregelmäßiges Talquerprofil. Durch die vielen Bergstürze war ursprüngliche die Besiedelung des hinteren Ötztals vom Inntal aus kaum möglich. Im folgenden Abschnitt sollen nun ein paar Bergstürze vom Ötztal genannt werden:

> **Bergsturz von Köfels**

Der Bergsturz von Köfels ist eine der größten Massenbewegungen im alpinen Kristallin, welche sich ca. vor 9800 Jahren im frühen Holozän ereignete. Durch den Fund von Bäumen unter den Schuttmassen hat man annähernd ein Alter bestimmen können.   (http://www.geoforum-umhausen.at/band2000/seite77.pdf)

Die Bergsturzmasse hat ein Volumen von über 2 km³. (Dieses Volumen ist in etwa so groß, wie alle anderen kristallinen Bergstürze zusammen.)

Köfels liegt in Tirol zwischen Längenfeld und Umhausen im Ötztal. Das Ötztal ist an dieser Stelle von einer mächtigen Schutt- und Gesteinsmasse zugeschüttet worden.

Diese Masse stürzte vom sogenannten Funduskamm ab, welcher sich oberhalb der Ortschaft Köfels befindet. Bei der Talfahrt prallte das Bergsturzmaterial auf die gegenüberliegende Bergflanke, was das Material in zwei Teile aufteilte. Der untere Teil wurde durch den Aufprall auf die Bergflanke in kleine Einzelteile zermahlen, welche eine Größe von einigen wenigen Millimetern bis Meter aufweisen. Diese Masse versperrte der dort fließenden Ötztaler Ache den Weg. Durch das eher feine und lockere Material konnte sich aber der Fluss schnell wieder einschneiden und so entstand die heutige Mauracher-Schlucht.

Abb. 9: Der Köfelsbergsturz und seine Umgebung
Quelle: http://www.kfunigraz.ac.at/geowww/exkursion/alpenex/naturgefahren.htm

Der obere Teil jedoch bewegte sich über die gegenüberliegende Bergflanke hinweg und reichte fast noch 1 km in das dort liegende Horlachtal hinein. Die Trümmermassen stauten sich sogar auf und bildeten so einen neuen Berg, den Tauferberg. Diese Trümmermassen versperrten dem dort fließenden Horlachbach den Weg, welcher sich so einen neuen suchen musste und heute als größter Wasserfall Tirols (159 Meter hoch) in das Umhausener Talbecken stürzt. (Erismann, 2001, S. 38f)

Bei den Ursachen und Auslöser dieses Bergsturzes sind sich die Wissenschaftler noch nicht einig und es gibt einige Theorien dazu. Eine der ersten Theorien stammte von Escher von der Linth 1845. Er behauptete der Bergsturz wurde durch einen andern in der Nähe stattgefundenen Bergsturz ausgelöst, was nicht so unwahrscheinlich sein kann, da das Ötztal von einigen Bergstürzen geprägt ist. Doch durch den Fund von Bimsgestein wurde diese Theorie schnell wieder verworfen und Pichler (1863) brachte eine neue Theorie. Da Bimsgestein oft bei Vulkanen zu finden ist, brachte Pichler die Theorie auf, dass der Bergsturz durch vulkanische Aktivität ausgelöst worden war. Trientl (1895) behauptete, dass Erdbeben die Auslöser für den Bergsturz waren und verband dies auch mit vulkanischen Aktivitäten. Doch zur wirklichen Bestätigung dieser Theorien fehlten andere vulkanische Gesteine. Auch die Menge an Bimsgestein war dafür zu gering.

Jedoch 1937 stellen die zwei Wissenschaftler Suess und Stutzer unabhängig voneinander die Theorie auf, dass es sich eventuell um einen Meteoriteneinschlag handeln könnte, da auch dort Bimsgestein aufzufinden ist. Auch durch den eher runden Verlauf des Kammes neigten viele zu dieser Annahme.

Jedoch nach genaueren Untersuchungen stoß Preuss (1974) auf mineralogische und geomorphologische Unstimmigkeiten. Er fand noch eine dritte Quelle für die Entstehung von Bimsgestein. Neben Vulkanischer Hitze und der kinetsichen Energie von Meteoriten konnte auch die Rutschung und die somit entstehende Reibung und Hitze ein Entstehungsgrund von Bimsgestein sein. Die Fundorte von Bimsgestein am Rande der Bergsturzbahnen ist ebenfalls ein Indikator für diese Theorie. Die Forscher sind sich jedoch bis heute noch unschlüssig, wie der Bergsturz ausgelöst worden ist und wie das Bimsgestein entstanden ist. (Erismann, 2001, 32ff)

Folgende Abbildung 10 zeigt den möglichen Vorher – Nachher Verlauf des Köflers Bergsturzes.

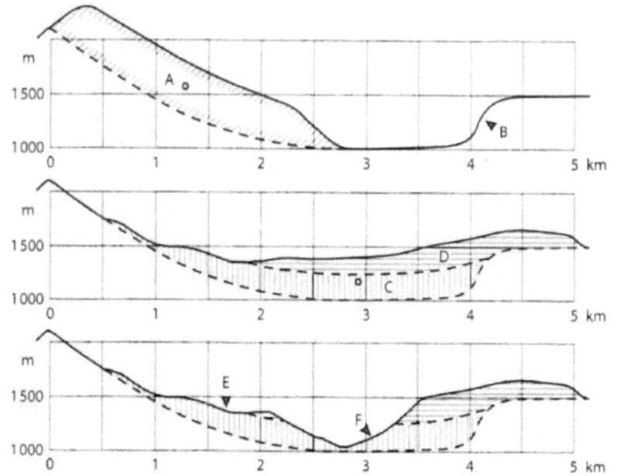

Fig. 2.18. Köfels rockslide. Map and longitudinal sections (from top to bottom: before slide, assumed; immediately after slide, assumed; at present). Scales of map and sections are equal. Debris periphery: *plain*: based on evidence; *broken*: assumed (extension probably larger). Other lines in map: *dots* and *dashes*: rivers; *plain* (with dead ends; crossing distance scale at km 4.6): gallery. A: mass ready to move; B: steep slope; C: lower part of mass; D: upper part of mass; E: mainly pumice-like frictionite; F: mainly glassy frictionite. Circles in A and C: approximate centres of gravity of entire mass before and after slide respectively (sketch by Erismann)

Abb. 10: Köfels Bergsturz, vorher – nachher
Quelle: Erismann, 2001, S. 36

Weitere Bergstürze im Ötztal

Man spekulierte, dass der Bergsturz von Köfels der Auslöser für andere im und rund um das Ötztal abgegangenen Bergstürze war. (Kramp, 2009, S. 39) Einige Wissenschaftler nannten diesen Zeitraum sogar „Köfelser Periode". Später stellte sich jedoch heraus, dass nicht alle Bergstürze in die Zeit des Köflers Bergsturzes passten. (Abele, 1974, S. 63)

6.2. Tschirgant

Der Tschirgant-Bergsturz ist ein ebenfalls größerer und bekannter Bergsturz. Dieser befindet sich am Ende des Ötztals, genauer gesagt noch im Inntal und ereignete sich ca. vor 3.000 Jahren (B.P.) und hatte ein Volumen von ca. 0.2 km³. (Erismann, 2001, S. 23)

Bei diesem Bergsturz war die Besonderheit, dass das Material des Sturzes auf das Ende des Ötztaler Gletschers fiel und es sich auf der Zunge ötztalaufwärts bewegte. Durch den Gletscher wurden das Material zum Teil wieder talab transportiert und lagerte sich als Bergsturzmoräne ab. (Abele, 1974, S. 99)

6.3. Habichen und Tumpen

Weiters gibt es noch die Bergstürze von Habichen und Tumpen welche nördlich von Umhausen liegen. Diese zwei sind mindestens um zwei Größenordnungen kleiner als der von Köfels. Zwischen Habichen und Tumpen gibt es heute eine 80 Meter hohe Steilstufe die durch den Bergsturz entstanden ist.

Durch den Habicher Bergsturz entstand der Piburger See.

7. Quellen:

ABELE G., 1974: Bergstürze in den Alpen – Ihre Verbreitung, Morphologie und Folgeerscheinungen. - Wissenschaftliche Alpenvereinshefte, Heft 25.

AICHINGER E., 1951: Lehrwanderungen in das Bergsturzgebiet der Schütt am Südfuß der Villacher Alpe. – Angewandte Pflanzensoziologie, Jg. 1951/4.

ERISMANN T. H., 2001: Dynamics of Rockslides and Rockfalls.

KRAMP T., 2009: Massenbewegungen in den Alpen.

LOUIS H., K. Fischer, 1979: Lehrbuch der Allgemeinen Geographie: Allgemeine Geomorphologie.

MAYER H., 1964: Bergsturzbesiedelung in den Alpen. – Mitt. aus der Staatsforstverwaltung Bayerns, Heft 34.

Internet: (Stand 15.09.2010)

http://www.geoforum-umhausen.at/band2000/seite77.pdf

8. Abbildungsverzeichnis

Abb. 1: Bergsturz am Eiger 2006, CH.
Quelle: http://www.beo-news.ch/ABNS2006/juli2006/eiger15txt.htm

Abb. 2: Abb. 2: diverse Bergstürze
Quelle: http://www.mascht.com/bergstuerze/map.html

Abb.3: Flimser Bergsturz: größter Bergsturz in den Alpen
Quelle: http://www.mascht.com/bergstuerze/map.html

Abb. 4: Fallprozess und Ablagerung der abgelösten Gesteinsmassen
Quelle: http://www.mascht.com/bergstuerze/map.html

Abb. 5: Lac Lauvitel
Quelle: http://www.mascht.com/bergstuerze/

Abb. 6: Bergsturz von Monte Toc
Quelle: http://static.panoramio.com/photos/original/11405130.jpg

Abb. 7: Castelpietra gebaut auf Bergsturzablagerung
Quelle: http://www.science.unitn.it/~iori/trentino/castelli/pietra.jpg

Abb. 8: Rheinschlucht Flims, CH „Swiss Grand Canyon"
Quelle: http://www.graubuenden.ch/natur-schweiz/schluchten-seen/schluchten-seen/

Abb. 9: Der Köfelsbergsturz und seine Umgebung
Quelle: http://www.kfunigraz.ac.at/geowww/exkursion/alpenex/naturgefahren.htm

Abb. 10: Köfels Bergsturz, vorher – nachher
Quelle: Erismann, 2001, S. 36

Grafik

Grafik 1: Die Ausläufer (n=169)
Quelle: Abele, 1974, S. 27